運行吧！智能機械人啟動

人工智能入門班

卡洛斯·帕索斯　著／繪

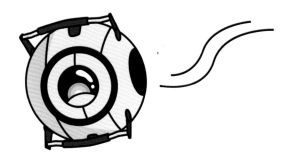

新雅文化事業有限公司
www.sunya.com.hk

你們好啊，未來的機械工程和人工智能小天才！

我叫天娜，是一名**機械人工程師**。這部機械人叫圖靈。

圖靈是最新型的機械人，不過它剛被送來科學館，仍未知道自己為什麼在這裏，也不認識任何人。

別擔心，圖靈！在陌生的地方感到不安是正常的。當你跟其他機械人成為好朋友之後，就會知道這裏是個好地方了！

來，我為你介紹一下。這裏有很多種類的**機械人**。

機械人的功能分類

有些巧手的機械人能轉化物料和製造東西。

也有些勤奮的機械人會為人類服務，與人類溝通。

還有一些勇敢的機械人能探索深不可測的地方！

工業機械人

服務機械人

探索機械人

科學知多點

機械人一定要是人形？
機械人這詞語翻譯自英文Robot，原意是能夠自動運行的機械裝置，取代人力進行重複性（如生產汽車）、厭惡性（如清潔）或危險性高（如拆炸彈）的工作，所以不一定是人形。

機械人可以很巨大，有如一幢房子那麼高；也可以很細小，小到我們幾乎看不見它。

它可以像一隻動物，可以奇形怪狀，還可以飛上天空。

它們甚至可以躲在電腦裏。這種機械人叫**智慧體**。

它們的共同點是：擁有自我控制能力，和執行它們出廠時被指派的工作。

科學知多點

電腦裏面也有機械人？
在電腦裏面有一些程式能夠自我管理和修正，並能針對外界環境做出適當的回應（例如預約會議室、整合網絡資訊），所以它們可說是軟體的機械人，被稱為智慧體或代理人，英文是Agent。

圖靈，你是仿照人類外形而製造出來的機械人。即是說，你是一個**人型機械人**。不過，雖然你的外形跟人類長得很像，但是內裏與人類有好大的分別啊。

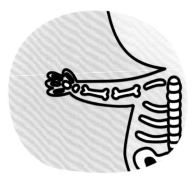

組織和骨骼

人類由組織和骨骼組成，而你是由零件和**機械部件**組成的。

機械部件

視覺
（眼睛）

聽覺
（耳朵）

觸覺
（皮膚）

味覺
（舌頭）

嗅覺
（鼻子）

人類用**感覺器官**感知世界，你用**感測器**探索世界。

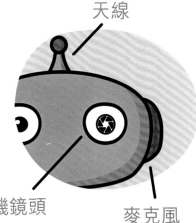

天線

攝影機鏡頭

麥克風

人類用大腦思考自己該做什麼，你就用**處理器**來思考。

大腦

◎科學知多點

機械人有沒有感覺器官？
機械人以各種感測器，取代人類的感覺器官來讀取環境資訊。例如光線感測器（視覺）、聲音感測器（聽覺）、氣味感測器（嗅覺）、化學感測器（味覺）、溫度感測器和壓力感測器（觸覺）等。

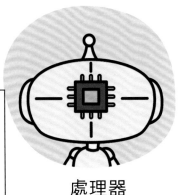

處理器

這份特別的食譜，名叫**演算法**。

演算法含有許多指令，讓機械人做出許多不同的事情。

你看，這個演算法是讓你學會蹦蹦跳的。

11

手提電話和手提電腦也需要透過處理器來讀取演算法，才能知道自己該做什麼。

舉個例子，這個演算法是用來製作影片和播放歌曲的。沒有演算法，它們什麼也做不到啊！

人要操控機器，而機械人就會自我控制，這就是人類和機械人最大的分別了。

如果你願意，大家當然願意跟你做好朋友啊。

好吧，圖靈，現在你知道自己需要什麼才能工作了吧？
不過，我們還要研究一下，為什麼你會被送到博物館來。
這個秘密真是讓人既緊張又興奮呀！

機械人只會按照演算法中的指令做事情。
它的缺點是不懂得做其他事情。

例如，一個被編入指令去搬箱子的機械人，是不
會踢球的。

我們人類就不一樣了。我們每天都在學習新知識，
然後以過去的經驗去令自己掌握知識和進步。

我們的經歷都存在大腦裏，並與自身的感覺或
感受聯繫起來。

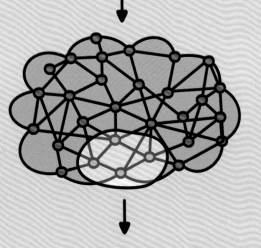

科學知多點

人腦怎樣向身體分享資訊？
人類的神經系統（包括腦部、脊髓和神經網絡）由無數的神經細胞（神經元）連接。當腦部要處理記憶或把指令傳給身體各部分時，就會產生微小的電子信號，沿着神經元快速地走遍身體。

我們的大腦有極大部分，由**神經元**組成。神經元分享和儲存我們日常生活的資訊。

大腦和神經元讓我們擁有解決所有難題的**智慧**。

但是機械人的處理器不是這樣運作的，
它無法做同樣的事。

現時，我們這些工程師還不懂得如何製造一個人類的腦袋。
因為它真的超級複雜啊！

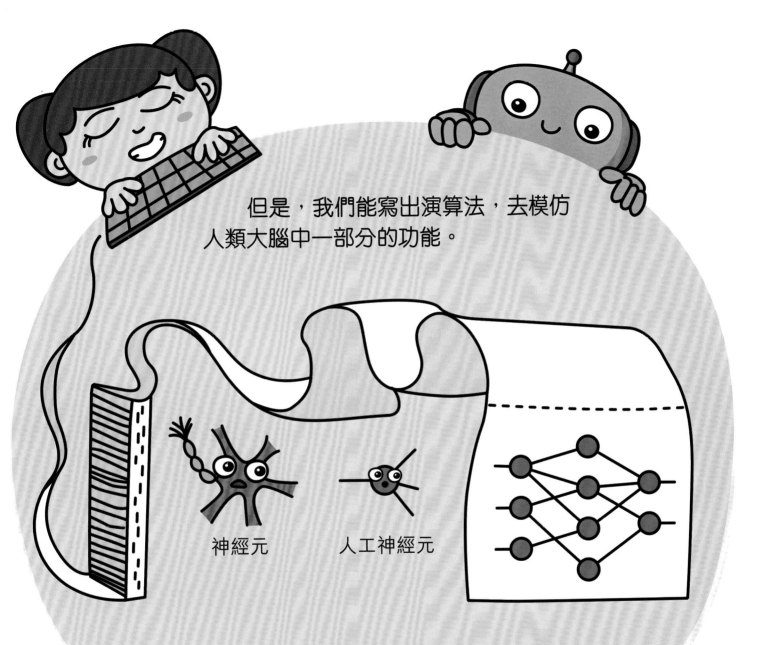

但是，我們能寫出演算法，去模仿人類大腦中一部分的功能。

神經元　　　人工神經元

這些演算法就是讓機械人把互相連接的人工神經元不斷複製，形成**人工神經元網絡**。

人工神經元網絡經過反覆訓練，可以改善和進步。

讓機械人擁有人工智能和學習能力。

科學知多點

電腦怎樣學習？

電腦可以讀取大量外界資訊，然後分析相同的地方，找出規則來解決問題。它也可以在特定環境中，自主地重複犯錯，然後不斷嘗試和修正，記錄最適當的方法去獲取成功的路徑，令自己進步。

這種智能機械人的處理器知道如何模仿神經元。
它彷彿複製了人類大腦之中其中一個區域的功能。

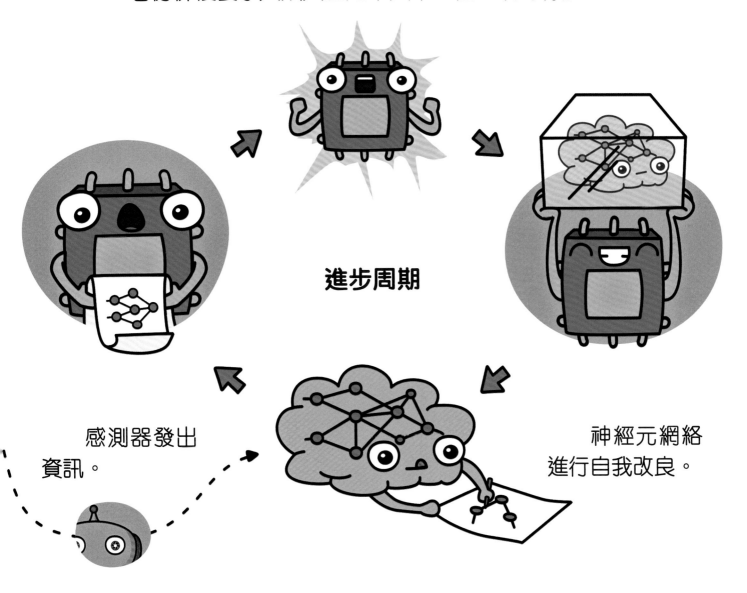

進步周期

感測器發出
資訊。

神經元網絡
進行自我改良。

機械人還有許多其他方式去獲取人工智能，這個
自我改良的方式是其中之一，而且效果非常好。

現在是時候探索一下你的腦袋裏，儲存了什麼啦！
嘩呀！原來你是擁有人工智能的跳舞機械人啊！

跳舞時，你會
擺動身體。

你的感測器會幫你了解，
你是怎樣做出這些動作的。

有了**人工神經元網絡**，你的
處理器會讓你跳得越來越好啊！

現在我們已是**機械工程**和**人工智能**的專家了！你也明白
自己來到這博物館的使命了吧？

你是跳舞專用的**人型機械人**，給所有來賓帶來歡樂。
音樂響起了，舞蹈大師。來起舞吧！
各位小天才，再見！

STEAM小天才
啟動！智能機械人　人工智能入門班

作　　者：卡洛斯‧帕索斯（Carlos Pazos）
翻　　譯：袁仲實
責任編輯：黃楚雨
美術設計：蔡學彰
出　　版：新雅文化事業有限公司
　　　　　香港英皇道499號北角工業大廈18樓
　　　　　電話：(852) 2138 7998
　　　　　傳真：(852) 2597 4003
　　　　　網址：http://www.sunya.com.hk
　　　　　電郵：marketing@sunya.com.hk
發　　行：香港聯合書刊物流有限公司
　　　　　香港荃灣德士古道220-248號荃灣工業中心16樓
　　　　　電話：(852) 2150 2100
　　　　　傳真：(852) 2407 3062
　　　　　電郵：info@suplogistics.com.hk
印　　刷：中華商務彩色印刷有限公司
　　　　　香港新界大埔汀麗路 36 號
版　　次：二〇二一年四月初版